1 じゅんび

❶ □に　はいる　ことばや　かずを　かきましょう。

〔とけいの　しくみ〕

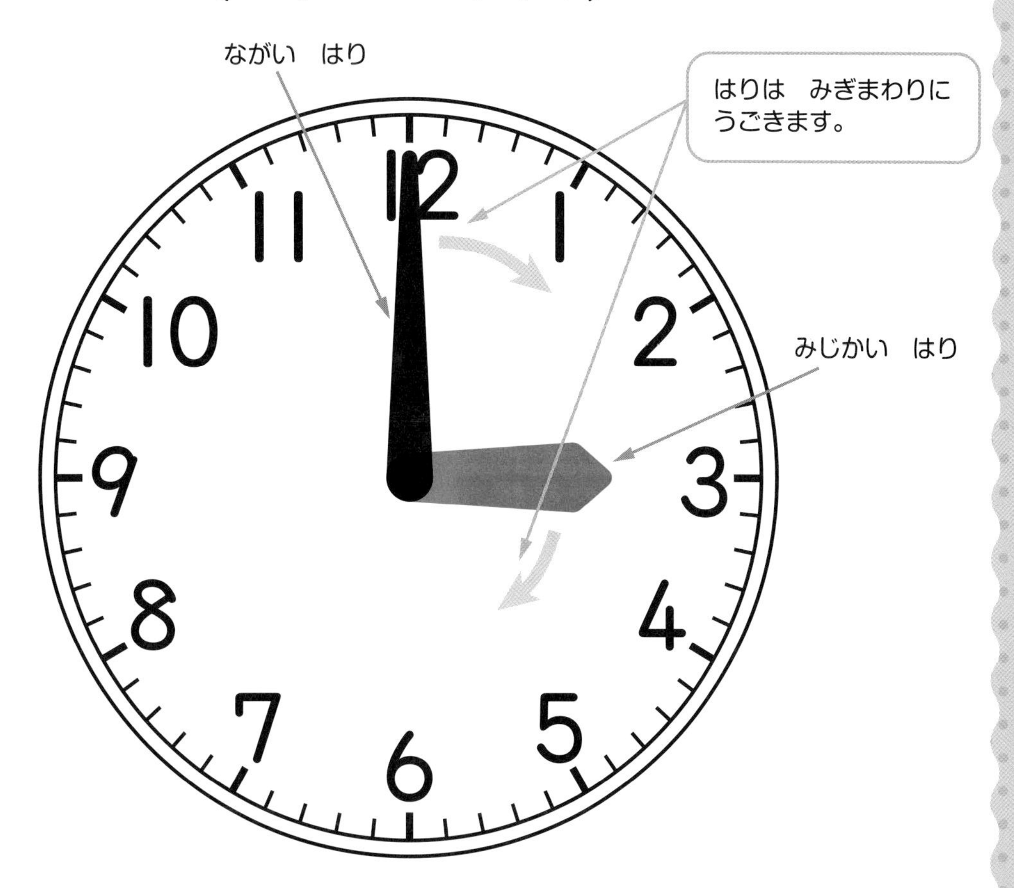

とけいには　ながい　はりと
みじかい　はりが　あります。
はやく　うごくのは
[ながが]い　はりです。

とけいには　すうじが　かいて　あります。
[1]から　[12]までの　すうじです。

2 みた　ことの　ある　とけいに　○(まる)を　つけましょう。

① めざましどけい

② デジタル(でじたる)どけい

③ うでどけい

④ かけどけい

いろいろな　とけいが　あるね。
ほかに　どんな　とけいが　あるか　しらべて　みよう。

2 なんじかな ①

月　日　じ　ふん　じ　ふん

てん

1 とけいを　よみましょう。　10てん

ながい　はりが　12の　ときは、みじかい　はりが　さして　いる　すうじを　よんで　「なんじ」と　いいます。

8 じです。

2 とけいを　よみましょう。　10てん(1つ5)

①

（ 1じ ）

②

（ 　じ ）

①は　みじかい　はりが　1を　さして　いるよ。

❸ とけいを　よみましょう。

80てん(1つ10)

①

(　　　　　　)

②

(　　　　　　)

③

(　　　　　　)

④

(　　　　　　)

⑤

(　　　　　　)

⑥

(　　　　　　)

⑦

(　　　　　　)

⑧

(　　　　　　)

ながい　はりが　12を　さして　いる　ときは、みじかい　はりが　さして　いる　すうじを　よんで、「なんじ」と　こたえよう。

3 なんじかな ②

❶ とけいを　よみましょう。

36てん(1つ6)

①

（ 3じ ）

②

（　　　　）

③

（　　　　）

④

（　　　　）

⑤

（　　　　）

⑥

（　　　　）

ながい　はりが　12を
さして　いるから、
みじかい　はりを　よんで
「なんじ」だね。

❷ とけいを　よみましょう。

64てん（1つ8）

①

（　　　　　　　）

②

（　　　　　　　）

③

（　　　　　　　）

④

（　　　　　　　）

⑤

（　　　　　　　）

⑥

（　　　　　　　）

⑦

（　　　　　　　）

⑧

（　　　　　　　）

かならず　ながい　はりが　12を　さして　いるのを　たしかめてから「なんじ」と　こたえよう。

4 なんじはんかな ①

月　日　　じ　ふん～　じ　ふん

なまえ　　　てん

❶ とけいを　よみましょう。

10てん

2 じはんです。

❷ とけいを　よみましょう。

10てん(1つ5)

①

（ 3じはん ）

②

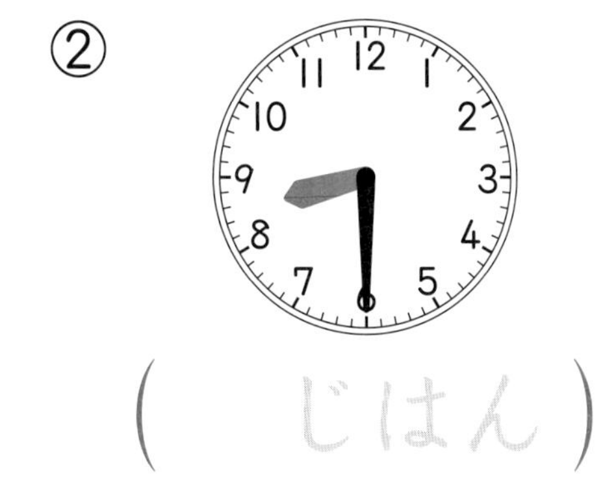

（ 　じはん ）

❸ とけいを　よみましょう。

80てん(1つ10)

①（　　　　）　②（　　　　）

③（　　　　）　④（　　　　）

⑤

（　　　　）

⑥

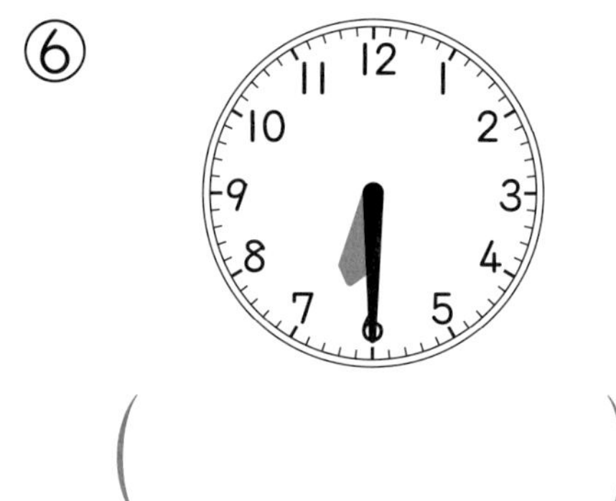

（　　　　）

⑦

（　　　　）

⑧

（　　　　）

ながい　はりが　6を　さして　いる　ときは、みじかい　はりが
とおりすぎた　すうじを　よんで、「なんじはん」と　こたえよう。

5 なんじはんかな ②

月　日　じ　ふん〜　じ　ふん

なまえ　　　　てん

1 とけいを　よみましょう。　36てん(1つ6)

①

（　じはん　）

②

（　　　）

③

（　　　）

④

（　　　）

⑤

（　　　）

⑥

（　　　）

みじかい　はりは
とおりすぎた　すうじを　よんで、
「なんじはん」ですね。

❷ とけいを　よみましょう。

64てん(1つ8)

①

(　　　　　)

②

(　　　　　)

③

(　　　　　)

④

(　　　　　)

⑤

(　　　　　)

⑥

(　　　　　)

⑦

(　　　　　)

⑧

(　　　　　)

ながい　はりが　6を　さして　いるのを　たしかめてから
「なんじはん」と　こたえよう。

6 なんじと　なんじはん①

❶ とけいを　よみましょう。

8てん(1つ4)

①

(　　　　　　)

②

(　　　　　　)

ながい　はりは
12だから…

❷ とけいを　よみましょう。

12てん(1つ4)

①

(　　　　　　)

②

(　　　　　　)

③

(　　　　　　)

ながい　はりが　6だから、
みじかい　はりの　とおりすぎた
すうじを　よんで「なんじはん」
だね。

❸ とけいを　よみましょう。

80てん(1つ10)

①

(　　　　)

②

(　　　　)

③

(　　　　)

④

(　　　　)

⑤

(　　　　)

⑥

(　　　　)

⑦

(　　　　)

⑧

(　　　　)

ながい　はりが　12を　さして　いたら　「なんじ」だね。
ながい　はりが　6を　さして　いたら　「なんじはん」だよ。

7 なんじと　なんじはん ②

月	日	じ　ふん〜　じ　ふん
なまえ		てん

1 とけいを　よみましょう。

12てん(1つ6)

①

(　　　　　　)

②

(　　　　　　)

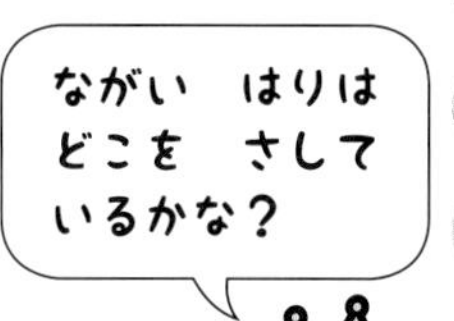

2 とけいを　よみましょう。

24てん(1つ6)

①

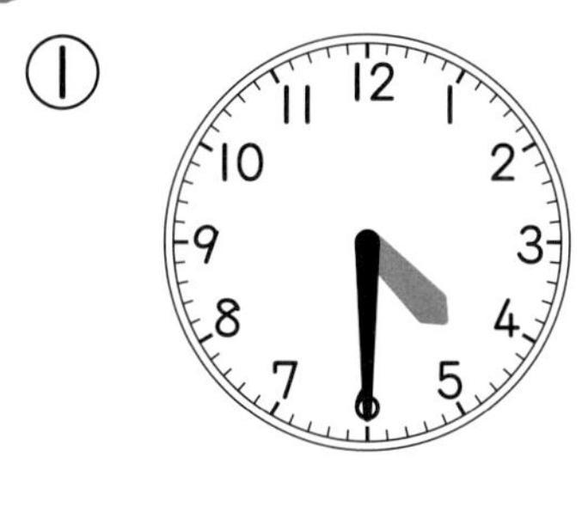

(　　　　　　)

②

(　　　　　　)

③

(　　　　　　)

④

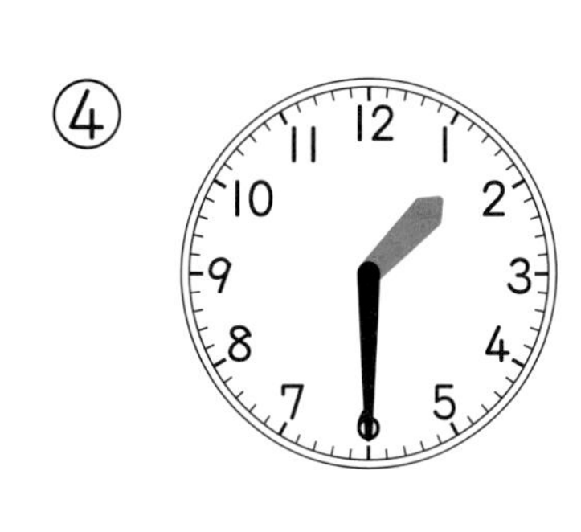

(　　　　　　)

❸ とけいを　よみましょう。

64てん(1つ8)

①

(　　　　　　　)

②

(　　　　　　　)

③

(　　　　　　　)

④

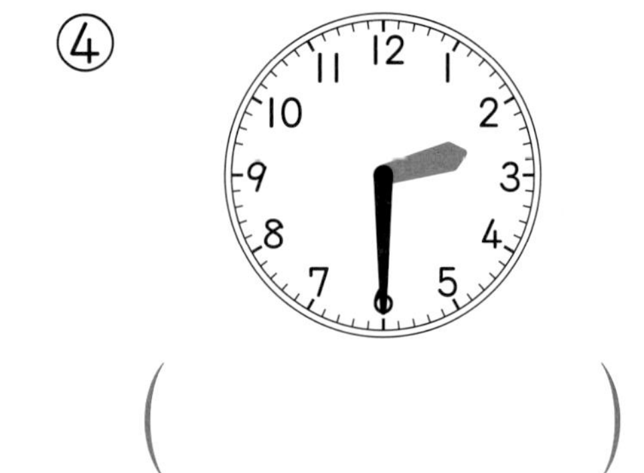

(　　　　　　　)

⑤

(　　　　　　　)

⑥

(　　　　　　　)

⑦

(　　　　　　　)

⑧

(　　　　　　　)

みじかい　はりに　きを　つけよう。すうじと　すうじの　あいだに　ある　ときは、とおりすぎた　ほうの　すうじを　よむんだよ。

8 なんじを つくろう

1 ながい はりを かきましょう。 10てん

4じ

「なんじ」の とき、ながい はりは 12を さすよ。

2 ながい はりを かきましょう。 36てん(1つ9)

① 2じ

② 7じ

③ 9じ

④ 11じ

③ ながい　はりを　かきましょう。

36てん(1つ9)

①　1じ

②　8じ

③　6じ

④　12じ

④ みじかい　はりを　かきましょう。

18てん(1つ9)

①　3じ

②　10じ

はりは　できるだけ　まっすぐ　かこう。
ながさに　ちゅういしてね。

9 なんじはんを つくろう

がつ 月　にち 日　じ　ふん～　じ　ふん
なまえ　　　　てん

1 ながい　はりを　かきましょう。4てん

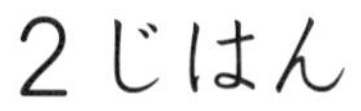

2 ながい　はりを　かきましょう。　16てん(1つ4)

① 4じはん

② 9じはん

③ 11じはん

④ 6じはん

3 ながい　はりを　かきましょう。

80てん(1つ10)

① 1じはん

② 10じはん

③ 7じはん

④ 6じはん

⑤ 12じはん

⑥ 3じはん

⑦ 5じはん

⑧ 8じはん

「なんじはん」の　「はん」は、はんぶんの　ことだよ。　ながい　はりが　はんぶん　まわって　6を　さすんだね。

10 なんじと　なんじはんを つくろう ①

1 ながい　はりを　かきましょう。

12てん(1つ6)

① 7じ

② 2じ

2 ながい　はりを　かきましょう。

24てん(1つ6)

① 3じはん

② 8じはん

③ 6じはん

④ 12じはん

❸ ながい　はりを　かきましょう。

64てん(1つ8)

① 5じ

② 9じはん

③ 4じはん

④ 8じ

⑤ 11じ

⑥ 1じはん

⑦ 10じはん

⑧ 6じ

ながい　はりは、「なんじ」の　ときは　12、
「なんじはん」の　ときは　6を　さすんだよ。

11 なんじと　なんじはんを つくろう ②

月　日　じ　ふん～　じ　ふん

なまえ

てん

1 ながい　はりを　かきましょう。

24てん(1つ6)

① 3じ

② 10じ

「なんじ」と
「なんじはん」を
まちがえないでね。

③ 8じはん

④ 11じはん

2 みじかい　はりを　かきましょう。

12てん(1つ6)

① 9じ

② 2じ

「9じ」の　9は
みじかい　はりで
よむんだったね。

❸ ながい　はりを　かきましょう。

64てん(1つ8)

① 6じはん

② 1じ

③ 12じ

④ 2じはん

⑤ 4じ

⑥ 7じはん

⑦ 5じはん

⑧ 11じ

ながい　はりと　みじかい　はりの　ちがいが　わかって　いるかな。
もんだいを　きちんと　よんでから　こたえを　かこう。

12 ただしいのは どっちかな

1 11じの とけいは どちらですか。 15てん

あ 

い 

ながい はりと
みじかい はりを
よく みて
こたえようね。

（ ）

2 2じはんの とけいは どちらですか。 15てん

あ 

い 

（ ）

3 ただしいのは どちらですか。 20てん(1つ10)

① 1じ

あ 

い 

② 7じはん

あ 

い 

❹ ただしいのは　どちらですか。

50てん(1つ10)

① 5じ

(　　　)

あ 

い

② 12じ

(　　　)

あ 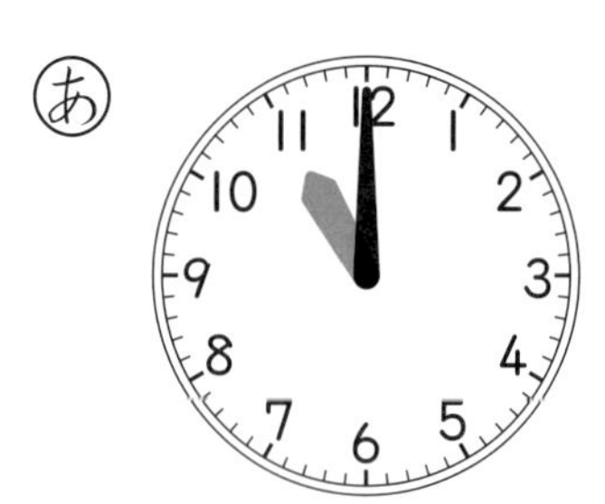

い 

③ 10じはん

(　　　)

あ 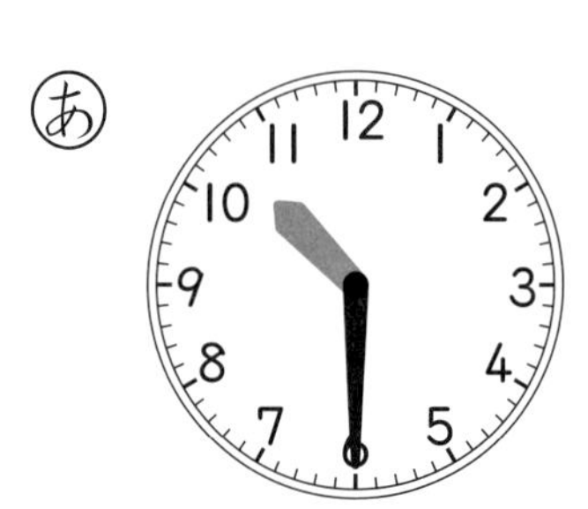

い 

④ 6じはん

(　　　)

あ 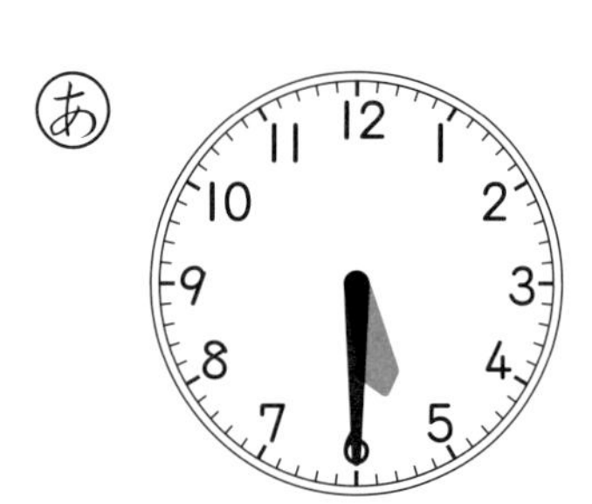

い 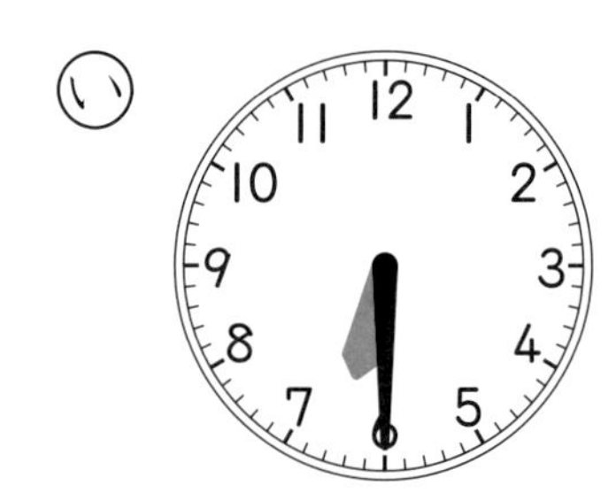

⑤ 4じはん

(　　　)

あ 

い 

とけいを　よく　みて　こたえよう。
1つずつ　とけいを　よんで　みると　いいよ。

13 まとめの テスト

月　日　もくひょうじかん **15** ふん

なまえ　　　　　てん

1 とけいを　よみましょう。　56てん(1つ7)

①

(　　　　　)

②

(　　　　　)

③

(　　　　　)

④

(　　　　　)

⑤

(　　　　　)

⑥

(　　　　　)

⑦

(　　　　　)

⑧

(　　　　　)

2 ながい はりを かきましょう。 36てん(1つ6)

① 9じ

② 4じはん

③ 12じはん

④ 2じ

⑤ 11じ

⑥ 6じはん

3 8じはんの とけいは どちらですか。 8てん

㋐

㋑

(　　　)

14 なんじなんぷんかな ①

がつ 月　にち 日　じ　ふん〜　じ　ふん

なまえ

てん

1 □に　はいる　かずを　かきましょう。　20てん(1つ5)

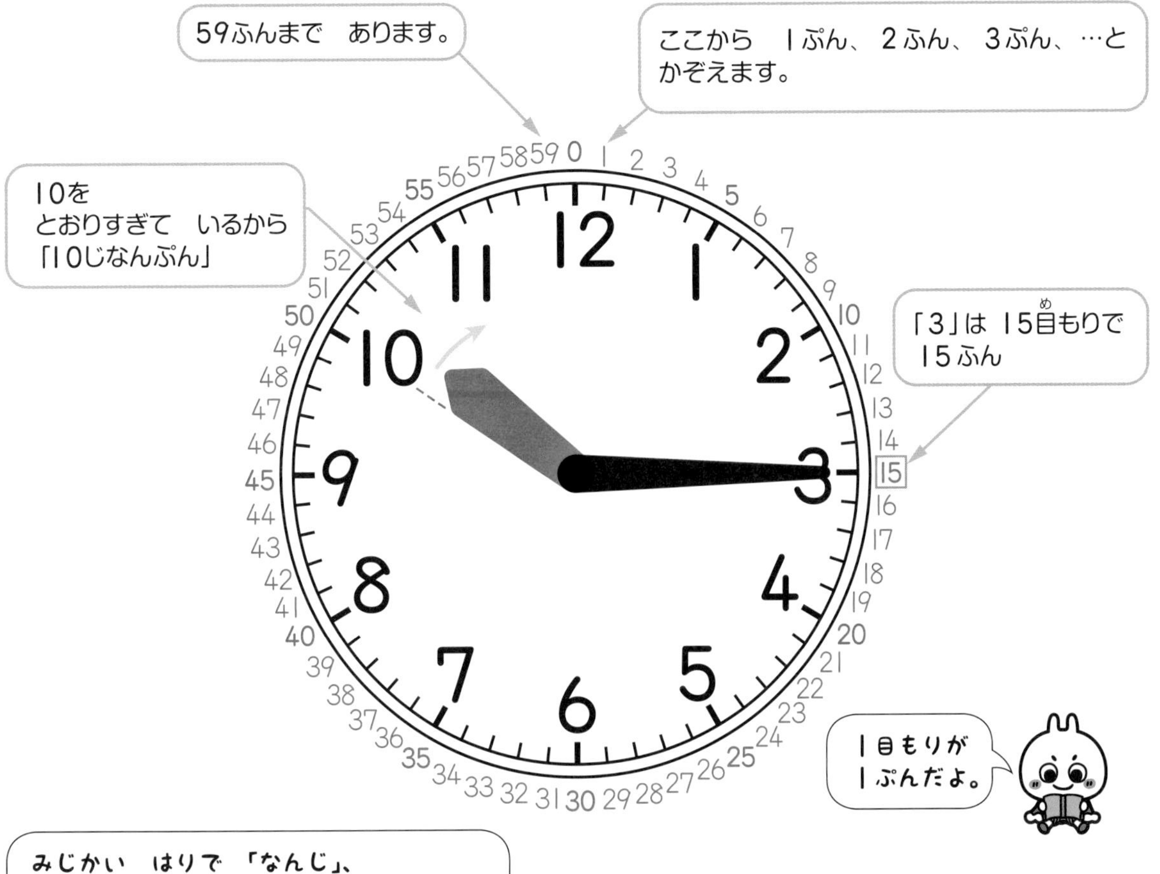

みじかい　はりで「なんじ」、ながい　はりで「なんぷん」を　よみます。

みじかい　はりが　10を　とおりすぎて　いるから

「[10]じなんぷん」です。

ながい　はりが　「3」だから、[15]ふんです。

とけいは　[　]じ[　]ふんです。

❷ とけいを　よみましょう。

80てん(1つ10)

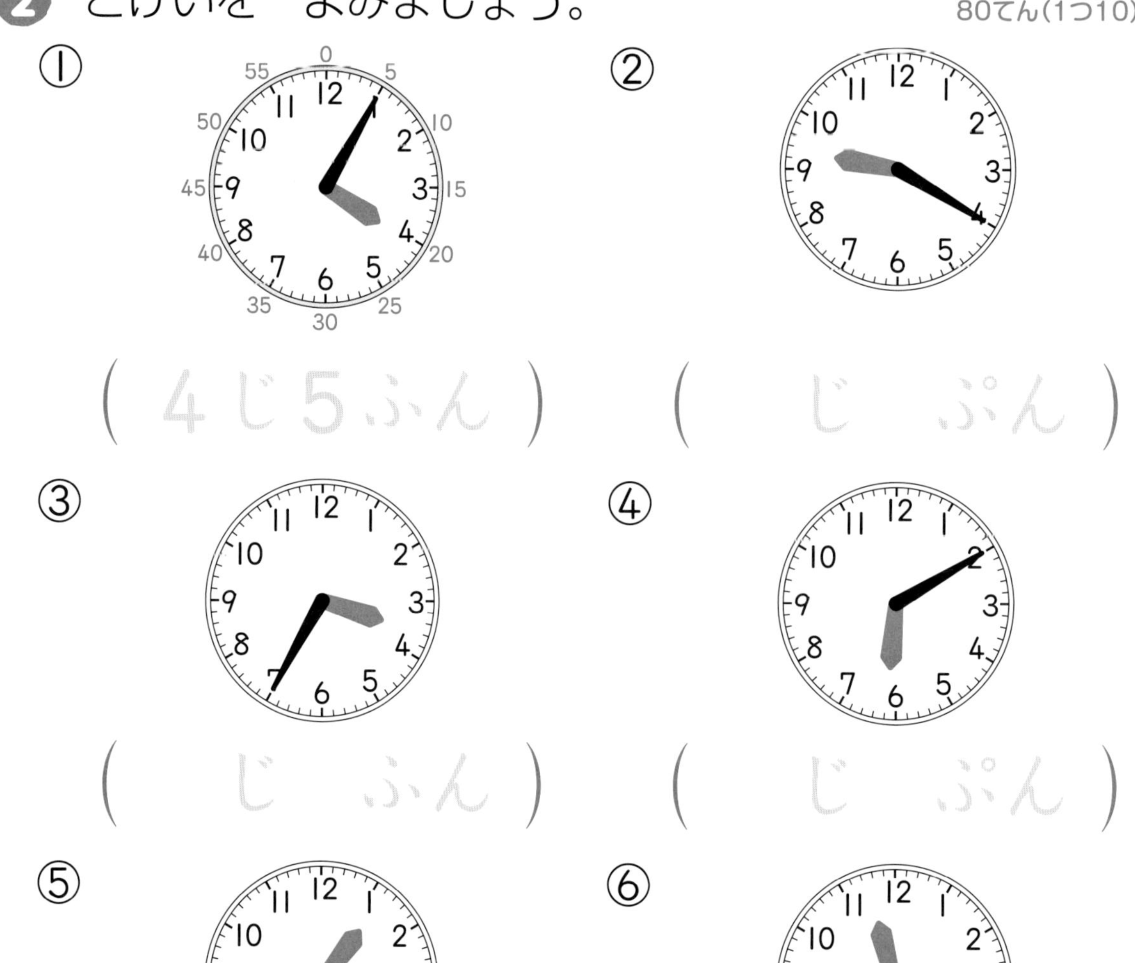

①（ 4じ5ふん ）　②（ じ　ぷん ）

③（ じ　ふん ）　④（ じ　ぷん ）

⑤ 

（　　　　　）

⑥ 

（　　　　　）

⑦ 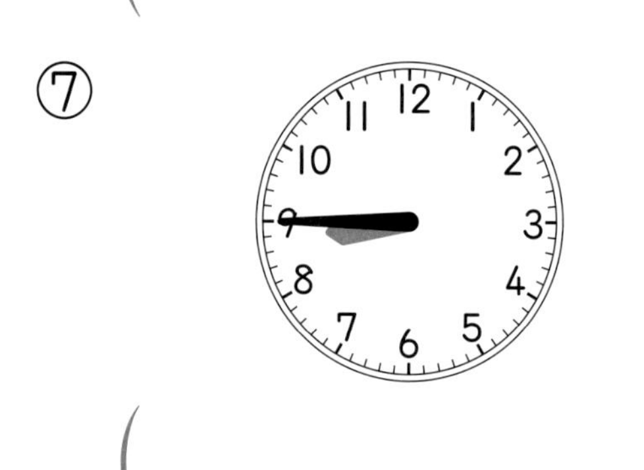

（　　　　　）

⑧ 

（　　　　　）

とけいの　すうじが　なんぷんに　なるかを　しっかり　おぼえよう。
5、10、15、…と　5とびに　よむ　れんしゅうも　して　おこう。

15 なんじなんぷんかな ②

がつ 月	にち 日	じ　ふん〜　じ　ふん
なまえ		てん

❶ とけいを　よみましょう。

40てん(1つ5)

①

(　じ　ふん　)

②

(　　　　)

③

(　　　　)

④

(　　　　)

⑤

(　　　　)

⑥

(　　　　)

⑦

(　　　　)

⑧

(　　　　)

❷ とけいを　よみましょう。

60てん(1つ6)

「なんじ」は　みじかい　はりが　とおりすぎた　すうじを　よむんだよ。
○じ 5 ふんや　○じ 55 ふんは　まちがえやすいから　気(き)を　つけよう。

16 なんじなんぷんかな ③

がつ にち
月　日　じ　ふん～　じ　ふん

なまえ

てん

❶ □に　はいる　かずを　かきましょう。　12てん(1つ3)

みじかい　はりが
1を　とおりすぎて
いるから、
「1じなんぷん」。

ながい　はりが
「4」から　3目もり
だから、
20ぷんと　3ぷんで
23ぷん。

とけいは　1じ23ぷんです。

1を
とおりすぎて　いる。

20ぷんから
3目もり

「3」は　15ふん、「5」は　25ふんと
すぐに　いえるように　して　おこう。

❷ とけいを　よみましょう。　8てん(1つ4)

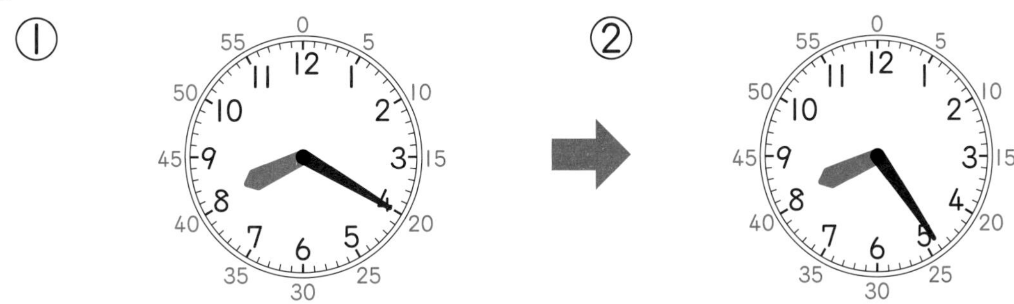

①（8じ20ぷん）　②（8じ24ぷん）

❸ とけいを　よみましょう。

80てん(1つ10)

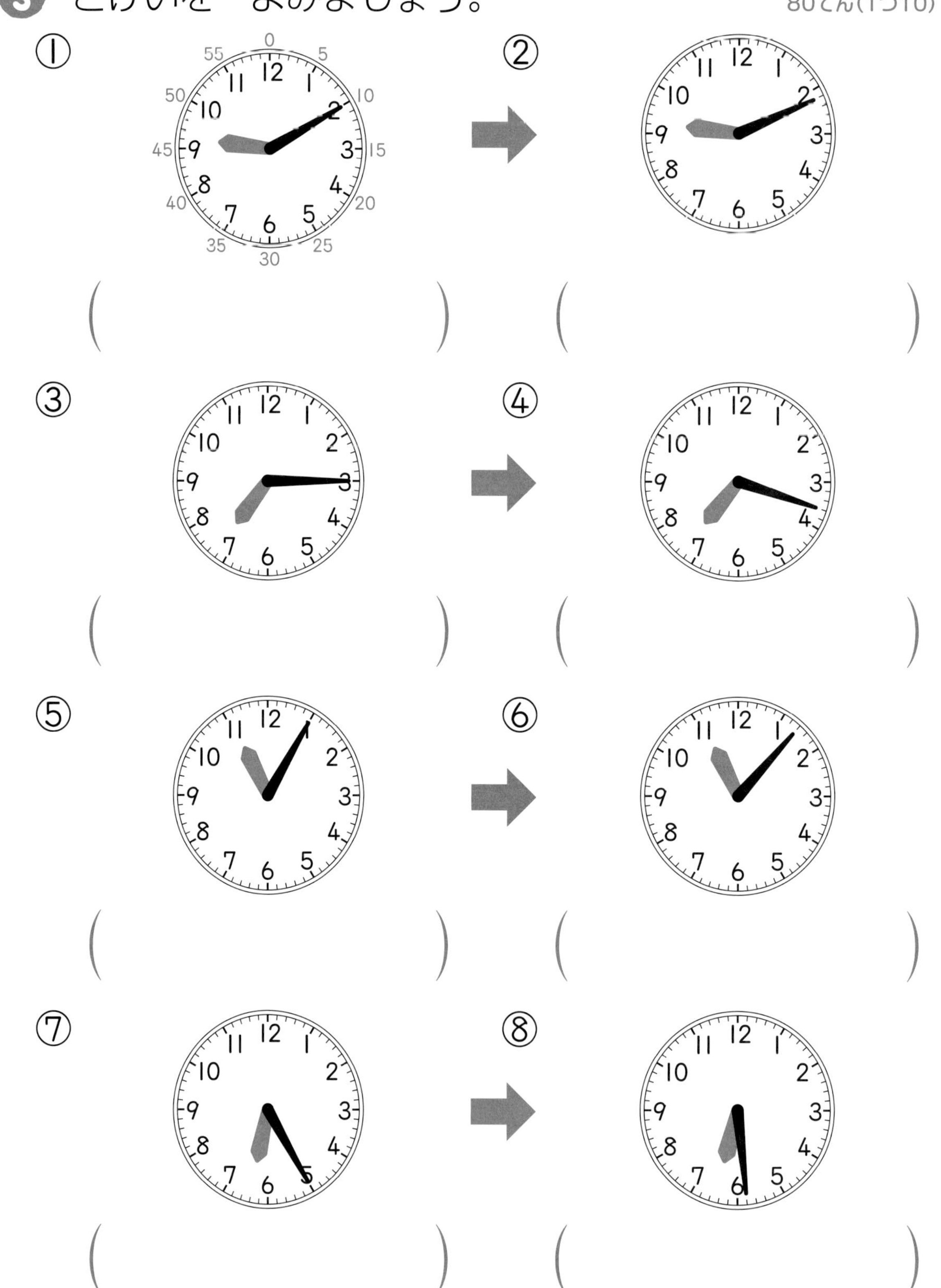

とけいの　すうじが　なんぷんに　なるかを　おぼえれば、そこから かぞえて 「なんぷん」が　わかるね。

17 なんじなんぷんかな ④

月(がつ)　日(にち)　じ　ふん〜　じ　ふん

なまえ　　　　てん

❶ とけいを　よみましょう。　40てん(1つ5)

①

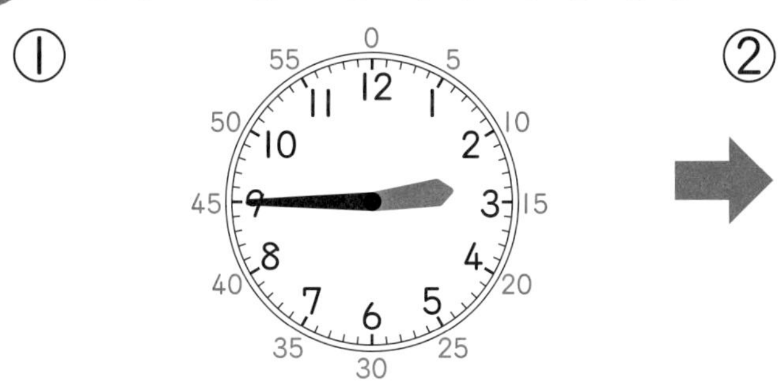

②

③

④

(　　　　)　(　　　　)

⑤

⑥

(　　　　)　(　　　　)

⑦

⑧

(　　　　)　(　　　　)

❷ とけいを　よみましょう。　60てん(1つ6)

①（　　　）　②（　　　）
③（　　　）　④（　　　）
⑤（　　　）　⑥（　　　）
⑦（　　　）　⑧（　　　）
⑨（　　　）　⑩（　　　）

「なんじ」は　みじかい　はりが　とおりすぎた　すうじを　よむんだよ。
みじかい　はりが　どの　むきに　うごいて　いるかに　気を　つけよう。

18 なんじなんぷんかな ⑤

がつ 月	にち 日	じ　ふん〜　じ　ふん
なまえ		てん

❶ とけいを　よみましょう。 40てん(1つ5)

①

(　　　　　　)

②

(　　　　　　)

③

(　　　　　　)

④

(　　　　　　)

⑤

(　　　　　　)

⑥

(　　　　　　)

⑦

(　　　　　　)

⑧

(　　　　　　)

❷ とけいを　よみましょう。

60てん(1つ6)

みじかい　はりは、とけいの　すうじを　よんで　「なんじ」、
ながい　はりは、とけいの　目(め)もりの　かずを　よむんだよ。

月(がつ)	日(にち)	じ	ふん〜	じ	ふん

なまえ　　　　　てん

19 なんじなんぷんかな ⑥

1 とけいを　よみましょう。

56てん(1つ7)

①

25 ふんと
3ぷんで
28 ふんだね。

(　　　　　　)

②

(　　　　　　)

③

(　　　　　　)

④

(　　　　　　)

⑤

(　　　　　　)

⑥

(　　　　　　)

⑦

(　　　　　　)

⑧

(　　　　　　)

とけいを　よみましょう。

28てん(1つ7)

①

(　　　　　　)

②

(　　　　　　)

③

(　　　　　　)

④

(　　　　　　)

3 とけいを　よみましょう。6てん

(7じ47ふん)

4 とけいを　よみましょう。

10てん(1つ5)

①

(　　　　　　)

②

(5じ8ふん)

④の　②の　「08」は　「8ふん」と　よむんだよ。
この　0は　十のくらいが　ない　ことを　あらわして　いるよ。

月 日 じ ふん〜 じ ふん

なまえ

てん

❶ ながい はりを かきましょう。4てん

7じ 10ぷん

「1」が 5ふん、「2」が 10ぷんだから、
「2」を させば いいね。

❷ ながい はりを かきましょう。16てん(1つ4)

① 2じ 15ふん

② 10じ 40ぷん

③ 8じ 20ぷん

④ 3じ 55ふん

❸ ながい　はりを　かきましょう。

80てん(1つ10)

① 4じ35ふん

② 11じ50ぷん

③ 9じ10ぷん

④ 1じ15ふん

⑤ 12じ25ふん

⑥ 6じ45ふん

⑦ 7じ5ふん

⑧ 5じ30ぷん

「1」→5ふん、「2」→10ぷん、「3」→15ふん、「4」→20ぷん、……を
かんぜんに　おぼえよう。

なんじなんぷんを つくろう②

月　日　じ　ふん〜　じ　ふん

なまえ　　てん

1 ながい　はりを　かきましょう。　40てん(1つ5)

① 9じ35ふん

② 4じ5ふん

③ 1じ20ぷん

④ 12じ45ふん

⑤ 10じ10ぷん

⑥ 5じ40ぷん

⑦ 11じ15ふん

⑧ 2じ55ふん

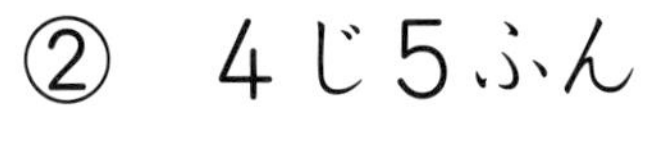

❷ ながい　はりを　かきましょう。

60てん(1つ6)

① 5じ 20ぷん

② 1じ 5ふん

③ 7じ 50ぷん

④ 11じ 55ふん

⑤ 9じ 25ふん

⑥ 3じ 30ぷん

⑦ 2じ 35ふん

⑧ 8じ 15ふん

⑨ 6じ 40ぷん

⑩ 10じ 45ふん

こたえを　かいたら　見(み)なおしを　すると　いいよ。
まちがいが　見つかるかも　しれないからね。

月	日	じ　ふん〜　じ　ふん

なまえ　　　　てん

❶ ながい　はりを　かきましょう。4てん

3じ 42ふん

42ふんは、40ぷんと　2ふんだね。
「8」が　40ぷんだから、
「8」から　2目もりの　ところを　さすよ。

❷ ながい　はりを　かきましょう。 16てん(1つ4)

① 10じ7ふん

7ふんは、
5ふんと　2ふん
だから…

② 6じ21ぷん

③ 12じ19ふん

④ 1じ48ふん

❸ ながい　はりを　かきましょう。

80てん(1つ10)

① 2じ 16ぷん

② 7じ 22ふん

③ 11じ 3ぷん

④ 5じ 44ぷん

⑤ 9じ 39ふん

⑥ 12じ 57ふん

⑦ 1じ 8ふん

⑧ 6じ 27ふん

「16ぷん」は　すうじの　「3」から　1目(め)もり　すすんだ　ところ　……と、すぐに　わかるように　しよう。

23 なんじなんぷんを つくろう ④

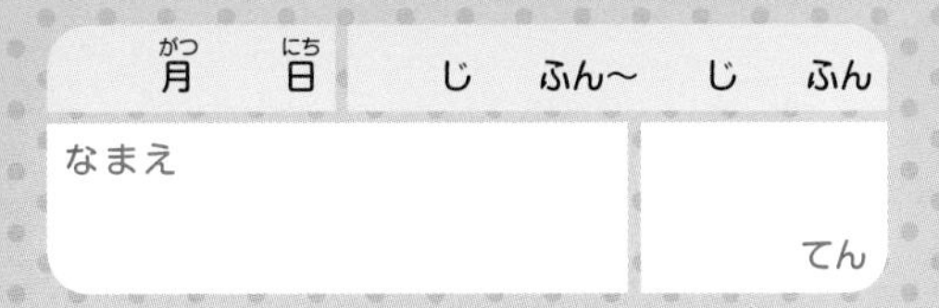

1 ながい はりを かきましょう。

40てん(1つ5)

① 5じ 12ふん

② 2じ 6ぷん

③ 10じ 29ふん

④ 7じ 53ぷん

⑤ 3じ 58ふん

⑥ 11じ 31ぷん

⑦ 9じ 15ふん

⑧ 6じ 47ふん

❷ ながい　はりを　かきましょう。

60てん(1つ6)

① 8じ26ぷん

② 4じ54ぷん

③ 12じ38ぷん

④ 1じ1ぷん

⑤ 5じ17ぷん

⑥ 11じ59ぷん

⑦ 7じ23ぷん

⑧ 3じ49ぷん

⑨ 2じ20ぷん

⑩ 9じ11ぷん

ながい　はりと　みじかい　はりが　かさなる　ときは、ながい　はりが　上(うえ)に　なるんだよ。

24 なんじなんぷんを つくろう ⑤

1 ながい　はりを　かきましょう。　40てん(1つ5)

① 10じ37ふん

② 6じ2ふん

③ 2じ45ふん

④ 11じ14ぷん

⑤ 12じ43ぷん

⑥ 5じ28ふん

⑦ 8じ36ぷん

⑧ 1じ51ぷん

❷ ながい　はりを　かきましょう。

60てん(1つ6)

① 7じ 46ぷん

② 9じ 32ふん

③ 10じ4ぷん

④ 3じ 18ふん

⑤ 4じ 52ふん

⑥ 11じ 10ぷん

⑦ 1じ 24ぷん

⑧ 6じ9ふん

⑨ 5じ 48ふん

⑩ 12じ 13ぷん

なれてくると、うっかり　まちがえる　ことが　おおく　なるから、気(き)を
つけよう。

25 ただしいのは どれかな ①

がつ 月　にち 日　じ　ふん〜　じ　ふん

なまえ　　　　てん

1 なんじなんぷんですか。
下(した)の　あ、い、うから
えらびましょう。15てん

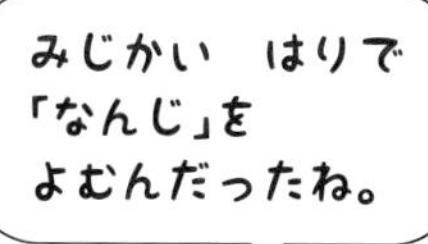

Ⓐ　7じ8ふん
Ⓘ　1じ37ふん
Ⓤ　2じ37ふん

(　　)

2 ただしいのは　どちらですか。　45てん(1つ15)

① 3じ45ふん

あ

い

(　　　)

② 6じ18ふん

あ

い

(　　　)

③ 12じ5ふん

あ

い

(　　　)

❸ せんで　むすびましょう。

40てん(1つ5)

①

5じ 20ぷん	11じ56ぷん	4じ 25ふん	8じ 50ぷん

②

7じ3ぷん	10じ31ぷん	2:44	9:15

「2:44」は
「2じ 44 ぷん」の
ことだったね。

にて　いる　とけいが　あるから、よく　見(み)て　こたえよう。

26 ただしいのは どれかな②

がつ 月　にち 日　じ　ふん〜　じ　ふん

なまえ　　　　てん

1 なんじなんぷんですか。下(した)の あ、い、うから

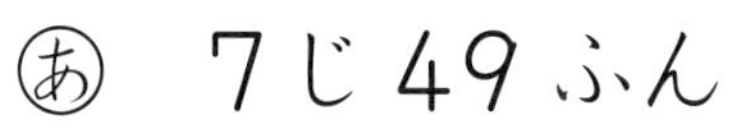

えらびましょう。15てん

あ　7じ49ふん

い　9じ39ふん

う　8じ49ふん

(　　　　)

2 ただしいのは どちらですか。

45てん(1つ15)

① 10じ27ふん

あ

い

(　　　　)

② 2じ8ふん

あ

い

(　　　　)

③ 5じ59ふん

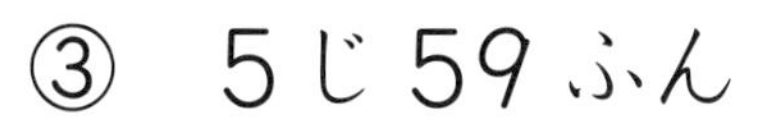

あ

い

(　　　　)

❸ せんで　むすびましょう。

40てん(1つ5)

①

12じ12ふん	1じ34ぷん	4:47	9:06

②

6:54	3:38	8:23	11:11

どんな　とけいも　さっと　よめるように　なったかな。
ふだんから　すすんで　とけいを　よむように　しよう。

27 まとめの テスト

月　日　もくひょうじかん **15** ふん

なまえ　　　　てん

1 とけいを　よみましょう。　40てん(1つ5)

①

(　　　　　　)

②

(　　　　　　)

③

(　　　　　　)

④

(　　　　　　)

⑤

(　　　　　　)

⑥

(　　　　　　)

⑦

(　　　　　　)

⑧

(　　　　　　)

2 ながい　はりを　かきましょう。 36てん(1つ6)

① 8じ 19ふん

② 2じ 46ぷん

③ 5じ 52ふん

④ 11じ 37ふん

⑤ 4じ 20ぷん

⑥ 12じ 1ぷん

3 せんで　むすびましょう。 24てん(1つ6)

1じ 31ぷん	9じ 48ふん	6:13	10:47

28 しあげの テスト 1

がつ 月　にち 日　もくひょうじかん **15** ふん

なまえ　　　　てん

1 とけいを　よみましょう。

40てん(1つ5)

①

(　　　　　　　)

②

(　　　　　　　)

③

(　　　　　　　)

④

(　　　　　　　)

⑤

(　　　　　　　)

⑥

(　　　　　　　)

⑦

(　　　　　　　)

⑧

(　　　　　　　)

2 ながい　はりを　かきましょう。 36てん(1つ6)

① 8じ

② 5じ3ぷん

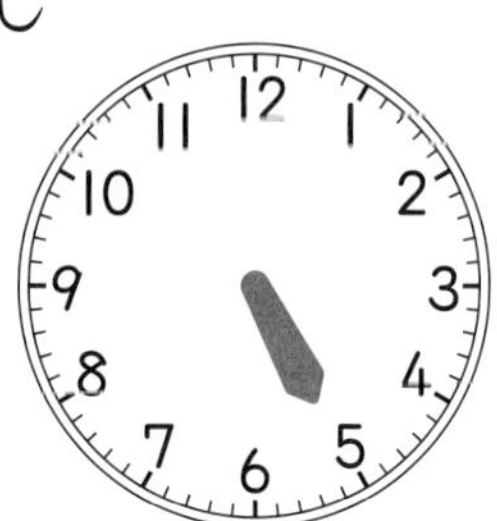

③ 11じ25ふん

④ 2じはん

⑤ 3じ51ぷん

⑥ 6じ34ぷん

3 せんで　むすびましょう。 24てん(1つ6)

10じ	1:18	9じ44ぷん	4:21

29 しあげの テスト2

月	日	もくひょうじかん **15** ふん
なまえ		てん

1 とけいを　よみましょう。

40てん(1つ5)

①

(　　　　　　)

②

(　　　　　　)

③

(　　　　　　)

④

(　　　　　　)

⑤

(　　　　　　)

⑥

(　　　　　　)

⑦

(　　　　　　)

⑧

(　　　　　　)

2 ながい　はりを　かきましょう。

36てん(1つ6)

① 9じ22ふん

② 1じ39ふん

③ 12じ6ぷん

④ 10じ

⑤ 4じ55ふん

⑥ 7じ42ふん

3 せんで　むすびましょう。

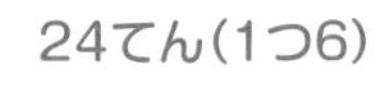

11じ2ふん	2じはん	8:58	5:27

なまえ

★　とけいの　はりが　さして　いる「とき」を　**じこく**と　いいます。

じこくと　じこくの　あいだの　ながさを　**じかん**と　いいます。

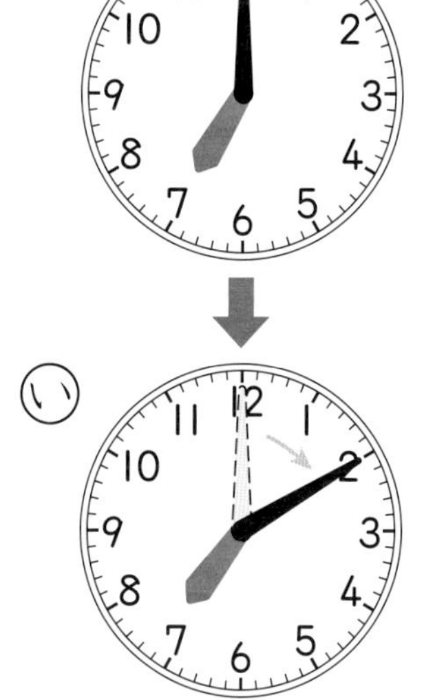

㋐の　じこくは　[　　]じです。

ながい　はりが　[　　]目もり　うごくと　㋑の　じこくに　なります。

㋐から　㋑までの　じかんは

[　　]ぷんです。

★1　右の　とけいを　見て　こたえましょう。

① ㋐の　じこくを　こたえましょう。

(　　　　　　)

② ㋐から　㋑までの　じかんを　こたえましょう。

(　　　　　　)

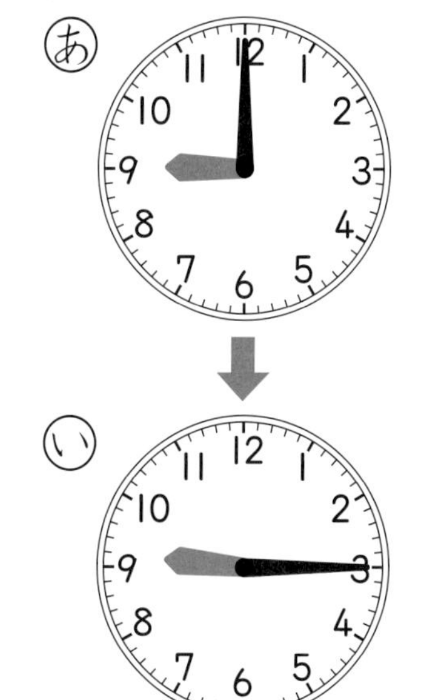

★2 ㋐から ㋑までの じかんを こたえましょう。

① ㋐ ㋑

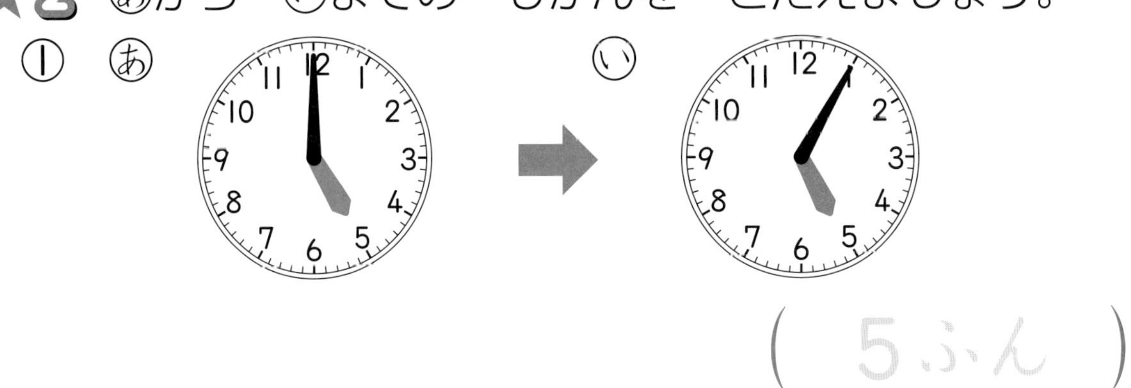

（ 5ふん ）

② ㋐ ㋑

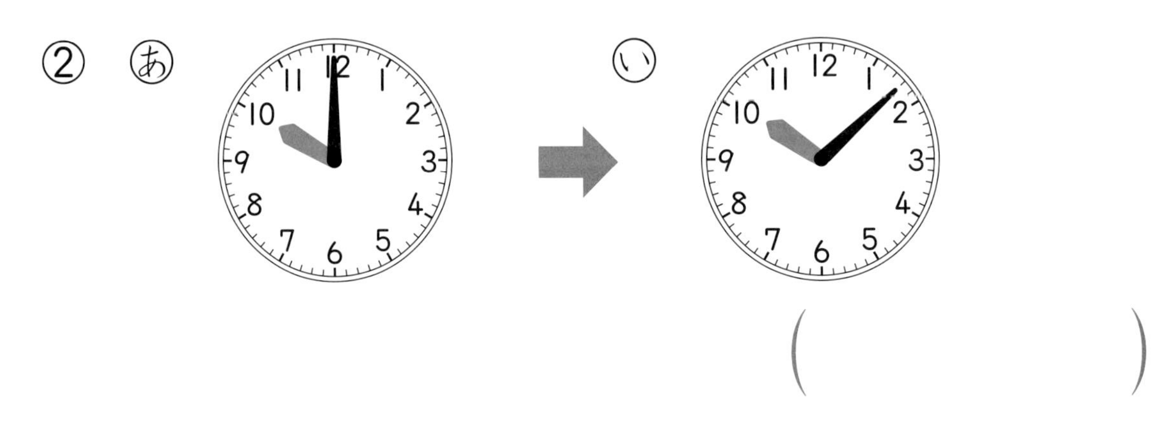

（　　　　）

③ ㋐ ㋑

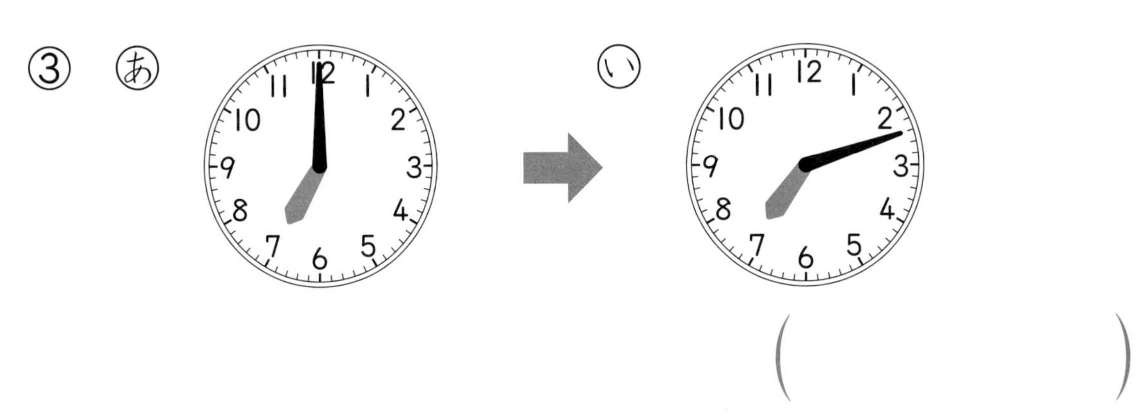

（　　　　）

ながい はりが １目もり
うごく じかんが １ぷん
だから…

ながい はりが なん目もり
うごいて いるかを
かんがえれば いいんだね。

1 じゅんび

❶ なが、
１、１２

❷ （しょうりゃく）

おうちの方へ 時計の学習に入る前の導入です。
❶ 時計には、長い針と短い針があり、どちらも右回りに動き、長い針のほうが速く動くことや、「１」から「１２」までの数字が書いてあることを知ります。付録についている時計を実際に動かして、２本の針が動く速さや連動することなどを確認するとよいでしょう。
❷ 時計には、いろいろな種類のものがあることを知ります。ここでは、身近にありそうな１２時間表示の時計だけを紹介しています。

2 なんじかな ①

❶ ８

❷ ①１じ　②４じ

❸ ①２じ　②５じ
③７じ　④１１じ
⑤３じ　⑥６じ
⑦１０じ　⑧１２じ

おうちの方へ まずは「何時」をよむ学習です。長針が「１２」をさしているときに、短針がさしている数字をよんで「何時」ということを理解します。
❸ ⑥長針が「１２」をさして、短針が「６」をさしているので「６じ」です。１時から１２時まであることを確認しておきます。

3 なんじかな ②

❶ ①３じ　②８じ
③１１じ　④４じ
⑤６じ　⑥９じ

❷ ①１じ　②７じ
③５じ　④１０じ
⑤１２じ　⑥２じ
⑦９じ　⑧６じ

おうちの方へ 必ず短針のさしている数字をよんで、「何時」と答えます。うっかり長針をよんで、「１２時」としないように注意します。

4 なんじはんかな ①

❶ ２

❷ ①３じはん　②８じはん

❸ ①１じはん　②５じはん
③７じはん　④１０じはん
⑤４じはん　⑥６じはん
⑦９じはん　⑧１２じはん

おうちの方へ 「何時半」をよむ学習です。長針が「6」をさしているときに、短針が通りすぎた数字をよんで「何時半」となることを理解します。「通りすぎた」という表現はむずかしいかもしれませんが、時計の針は右回りに動いているので、最後に通りすぎた数字をよむというように覚えます。ふつうは短針がはさまれている2つの数字のうちの小さいほうの数字をよむと覚えますが、「12」と「1」の間にあるときは、「12」のほうをよむので、小さいほうの数字をよむと覚えるのには注意が必要です。だから「通りすぎた数字」といえば、すべての場合をさすことができます。本書では、「通りすぎた数字」としていますが、わかりやすいほうでご指導ください。

❶ 付録の時計を2時に合わせ、長針を動かして2時半、3時をつくり、2時、2時半、3時の関係を理解させます。

❸ ⑥長針が「6」をさしているので「○じはん」、短針は6を通りすぎているので「6じはん」です。

5 なんじはんかな ②

❶ ①4じはん ②9じはん
③2じはん ④6じはん
⑤1じはん ⑥11じはん

❷ ①3じはん ②7じはん
③10じはん ④5じはん
⑤8じはん ⑥12じはん
⑦6じはん ⑧11じはん

おうちの方へ 「何時半」は、短針がちょうど2つの数字の真ん中にあるので、数字のよみとりをまちがえることが多いようです。常に、時計の針は右回りに動いていることを確かめながら考えるようにするとよいでしょう。

6 なんじと なんじはん ①

❶ ①1じ ②8じ

❷ ①3じはん ②10じはん
③9じはん

❸ ①4じ ②12じ
③7じ ④10じ
⑤2じはん ⑥8じはん
⑦11じはん ⑧5じはん

おうちの方へ 「何時」と「何時半」をよむ学習です。時計をよむ最初のステップとして、この2つのよみ方をしっかりと身につけましょう。また、時計をよむときは、短針から先によむことを習慣づけるようにしましょう。

7 なんじと なんじはん ②

❶ ①11じ ②5じ

❷ ①4じはん ②12じはん
③7じはん ④1じはん

❸ ①3じ ②10じはん
③8じはん ④2じはん
⑤9じはん ⑥6じ
⑦9じ ⑧11じはん

おうちの方へ 慣れてくると、うっかりミスをしやすくなります。きちんと確かめてから答えるようにしましょう。

8 なんじを　つくろう

❶

❷ ①

②

③

④

❸ ①

②

③

④

❹ ①

②

おうちの方へ　長針や短針をかいて、「何時」をつくる学習です。自分で長針や短針をかいてみると、時計に対する理解がより深まります。

「何時」は、長針が「12」をさし、短針が「何時」の数字をさすことをきちんとおさえておきましょう。

まっすぐな線がひきづらいときは、ものさしを使いましょう。

❹　短針は長針より短くかきましょう。

9 なんじはんを　つくろう

❶

❷ ①

②

③

④

❸ ①

②

③

④

⑤

⑥

⑦

⑧

おうちの方へ　長針をかいて、「何時半」をつくります。どの目もりをさしているのかがはっきりわかるように気をつけます。

「何時半」のときの短針の位置が時計の数字の間にくることもおさえておきましょう。

10 なんじと　なんじはんを つくろう ①

11 なんじと　なんじはんを つくろう ②

おうちの方へ　長針をかいて、「何時」と「何時半」をつくる学習です。

❸は、「何時」と「何時半」の問題を混ぜているので、きちんと問題を読んでから答えないとまちがえてしまうことがあります。日ごろから問題文をきちんと読む習慣をつけるようにしたいものです。

おうちの方へ　長針は、「何時」なら「12」を、「何時半」なら「6」をさすことを、ここで確かめ、確実に身についているかをチェックしておきましょう。

12 ただしいのは　どっちかな

1 あ
2 い
3 ① い
　② あ
4 ① い
　② い
　③ あ
　④ い
　⑤ い

おうちの方へ 問題にあう時計を選びます。特に「何時半」はまちがえやすいので注意します。

13 まとめの テスト

1 ①8じ　②1じはん
　③3じ　④10じ
　⑤5じはん　⑥11じはん
　⑦12じ　⑧7じはん

2 ①

②

③

④

⑤

⑥

3 い

おうちの方へ 「何時」と「何時半」の時計に関するまとめのテストです。時間をはかって取り組みましょう。解き終わったら、必ず見直しをする習慣も身につけるようにします。

14 なんじなんぷんかな ①

1 10
　15
　10、15

2 ①4じ5ふん　②9じ20ぷん
　③3じ35ふん　④6じ10ぷん
　⑤1じ15ふん
　⑥11じ30ぷん（11じはん）
　⑦8じ45ふん　⑧12じ55ふん

おうちの方へ 「何時何分」をよむ学習をします。まず、5分刻みの時計のよみ方をしっかりと身につけます。

「何時」を表す短針は「何時半」のときと同じように、通りすぎた数字をよみます。わかりにくいときは、短針が回る向きに注意して考えるようにします。

時計のいちばん小さい目もりは1分刻みになっています。だから、「何分」を表す長針は、時計の数字ではなく、いちばん小さい目もりの数でよみます。このことを理解するのはむずかしいので、○時1分のとき、○時2分のとき、…と順を追っててていねいに説明してあげるとよいでしょう。

2 ①時計の数字をよんで、「4じ1ぷん」としないようにしましょう。
　⑥「○じ30ぷん」は「○じはん」と答えてもかまいません。以降も同様です。

15 なんじなんぷんかな②

1 ①5じ5ふん　②2じ40ぷん
③10じ30ぷん(10じはん)
④7じ25ふん
⑤1じ45ふん　⑥9じ10ぷん
⑦3じ50ぷん　⑧12じ35ふん

2 ①11じ15ふん　②4じ50ぷん
③8じ20ぷん　④2じ35ふん
⑤5じ25ふん　⑥10じ55ふん
⑦6じ30ぷん(6じはん)
⑧12じ45ふん
⑨7じ40ぷん　⑩1じ5ふん

おうちの方へ　ここまでは、5分刻みの「何時何分」をよむ学習です。時計の数字が何分に対応しているかを、5とびの数(5、10、15、20、…)にあわせてしっかりと身につけましょう。
5とびの数は、指を折りながら声に出して唱えると、よい練習になります。

16 なんじなんぷんかな③

1 1
23
1、23

2 ①8じ20ぷん　②8じ24ぷん

3 ①9じ10ぷん　②9じ11ぷん
③7じ15ふん　④7じ18ふん
⑤11じ5ふん　⑥11じ7ふん
⑦6じ25ふん　⑧6じ29ふん

おうちの方へ　長針が数字のない目もりをさしている場合の「何時何分」をよみます。「何時」はいままで通り短針が通りすぎた数字をよみます。「何分」は長針がさしている目もりをいちばん小さい目もりの数でよみます。はじめのうちは、長針が通りすぎた数字が何分になるのかを考えて、そこから目もりの数をかぞえていくとよいでしょう。
2、**3**では、右の時計は左の時計とセットになっています。左の5分刻みの時計から長針が何目もり動いたかを考えるとよいでしょう。
3　④「18ふん」は「18ぷん」でもよいです。この本では「8ふん」で統一しています。以降も同様です。

17 なんじなんぷんかな④

1 ①2じ45ふん　②2じ49ふん
③12じ35ふん　④12じ37ふん
⑤6じ30ぷん(6じはん)
⑥6じ32ふん　⑦9じ55ふん
⑧9じ59ふん

2 ①5じ47ふん　②3じ36ぷん
③10じ46ぷん　④1じ38ふん
⑤7じ58ふん　⑥8じ53ぷん
⑦2じ56ぷん　⑧11じ41ぷん
⑨12じ51ぷん　⑩4じ34ぷん

おうちの方へ　しっかり時計がよめないうちは、小さい目もりに「1ぷん」、「2ふん」、…とかいてもかまいません。
1　長針が時計の左半分にある場合の時刻のよみとりです。「分」の数字が大きくなるので、セットになっている左の時計を基にしてよみましょう。また、短針が次の数字に近づくので、「何時」のよみとりのまちがいが増えます。付録の時計を使って、時間の経過とともに短針が次の数字に近づいていくことを教えてあげましょう。

18 なんじなんぷんかな ⑤

1 ①7じ 14ぷん　②12じ 8ふん
③9じ 31ぷん　④1じ 43ぷん
⑤3じ 22ふん　⑥4じ 54ぷん
⑦10じ 17ふん　⑧6じ 35ふん

2 ①2じ 48ふん　②11じ 1ぷん
③8じ 24ぷん　④5じ 50ぷん
⑤3じ 11ぷん　⑥6じ 36ぷん
⑦12じ 9ふん　⑧10じ 52ふん
⑨9じ 39ふん　⑩4じ 25ふん

おうちの方へ　この回では5分刻みの時計も混ぜてあります。長針が数字をさしていない時計をよむときは、5分刻みの数字からかぞえてよむようにするとよいでしょう。

19 なんじなんぷんかな ⑥

1 ①11じ 28ふん　②5じ 41ぷん
③2じ 10ぷん　④8じ 57ふん
⑤7じ 33ぷん　⑥1じ 49ふん
⑦12じ 4ぷん　⑧3じ 16ぷん

2 ①2じ 16ぷん　②9じ 24ぷん
③11じ 55ふん　④10じ 53ぷん

3 7じ 47ふん

4 ①1じ 21ぷん　②5じ 8ふん

おうちの方へ　「何時何分」をよむ練習はこの回で終わりです。ふだんから時計を積極的によむようにして、「何時何分」のよみ方をしっかりと身につけておきましょう。

3、**4**では、デジタル時計をあつかっています。基本的には左からよめばよいのですが、**4**の②のような「5:08」のときは「5じ 08ふん」と答えてしまうことがあります。そのときは、この「0」は、「何分」の十の位がないことを表す0だから、よまなくてよいと教えてあげましょう。

20 なんじなんぷんをつくろう ①

1

2

①

②

③

④

3

①

②

③

④

⑤

⑥

⑦

⑧

おうちの方へ 長針をかいて「何時何分」をつくる学習です。まずは5分刻みの「何時何分」をつくります。たとえば「10ぷん」なら数字の「2」をさす、「15ふん」なら数字の「3」をさす…とすぐにわからないときは、「何時何分」をよむ練習をくり返しするようにしましょう。

また、「何分」は時計のいちばん小さい目もりの数だから、1分から順にかぞえていけばよいという最初の考えに戻るのも1つの方法です。

21 なんじなんぷんを つくろう ②

おうちの方へ 引き続き5分刻みの「何時何分」をつくる学習です。長針をかいたあとで、問題とあっているかどうかを確認するように教えましょう。

22 なんじなんぷんを つくろう ③

おうちの方へ 長針が数字のない目もりをさす「何時何分」をつくる学習です。5分刻みで近い数字を考え、そこからかぞえていくとよいでしょう。

たとえば、❷の①の「7ふん」は、数字の「1」が5分だから、そこから右回りに1目もりずつ6分、7分とかぞえていけばわかります。

また、時計のよみ方に慣れてきたようであれば、❷の③の「19 ふん」のようなときは、数字の「4」が 20 分だから、そこから左回りに長針を1目もりもどして 19 分とする考え方もあります。

23 なんじなんぷんを つくろう ④

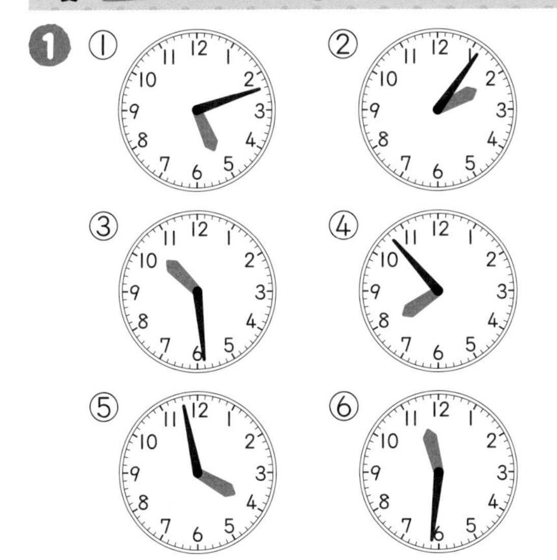

おうちの方へ 長針をかくときは、どの目もりを指しているのかがはっきりわかるようにしましょう。

子供にとって、「何十何分」の長針の位置を見つける作業はむずかしいものです。時計の数字と「分」の関係をしっかり理解させ、まちがえた問題はくり返し練習して、確実に身につけるようにしましょう。

24 なんじなんぷんを つくろう ⑤

おうちの方へ 「何時何分」をつくる最後の回です。あわてないで1つ1つていねいに取り組むようにしましょう。

25 ただしいのは　どれかな ①

1 ⓘ

2 ① ⓐ

② ⓘ

③ ⓐ

3

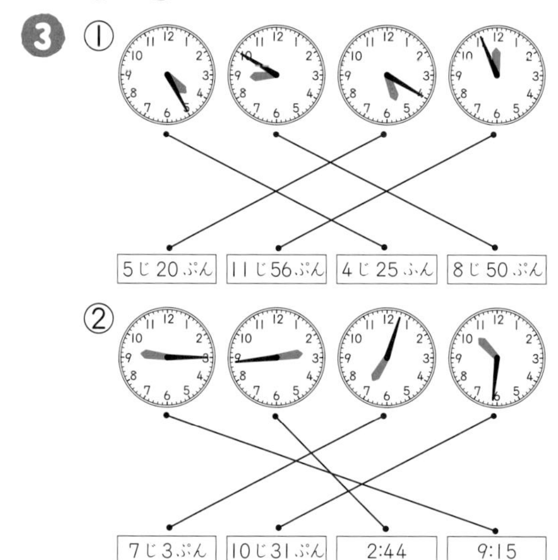

おうちの方へ 時計にあう「何時何分」を選んだり、「何時何分」にあう時計を選んだりする学習です。与えられた時計がそれぞれ「何時何分」なのかを、声に出してよんでから答えさせるようにするとよいでしょう。

3 ②「2:44」などのデジタル表示のよみ方にも慣れるようにしましょう。

26 ただしいのは　どれかな ②

1 ⓐ

2 ① ⓐ

② ⓘ

③ ⓘ

3

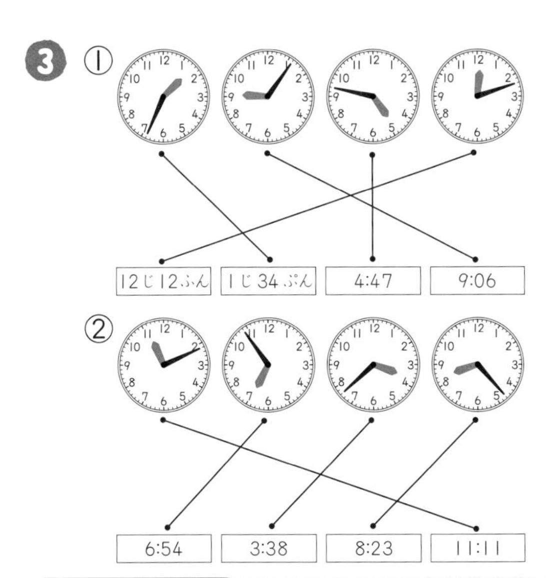

おうちの方へ 前回と同様に、正しいものを選んだり、同じものを表すものどうしを線で結んだりする学習です。きちんと時計がよめれば解ける問題です。落ち着いて取り組みましょう。

27 まとめの テスト

1 ①10じ 40ぷん ②4じ 12ふん
③6じ 4ぷん ④9じ 26ぷん
⑤12じ 43ぷん ⑥1じ 15ふん
⑦3じ 57ふん ⑧7じ 38ふん

2

3

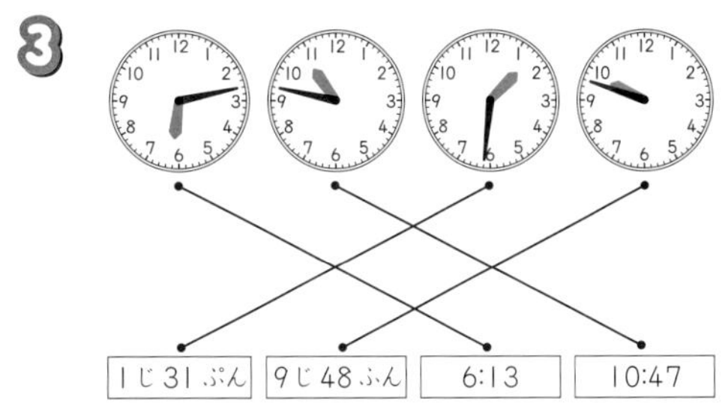

おうちの方へ 「何時何分」に関するまとめのテストです。目標時間内で取り組むようにしましょう。80点以上であれば合格ですが、まちがえたところは必ずやり直しておくようにします。

28 しあげの テスト1

1 ①6じ ②10じ 8ふん
③9じ 17ふん ④3じ 45ふん
⑤4じ 30ぷん（4じはん）
⑥12じ 24ぷん
⑦1じ 32ふん ⑧7じ 56ぷん

2

3

10:00

10じ　1:18　9じ44ぷん　4:21

おうちの方へ 1年の時計の内容が身についたかどうかを確かめるためのしあげのテストです。時間をはかって、1つ1つの問題に落ち着いて答えるようにしましょう。

29 しあげの テスト2

1 ①11じ14ぷん ②7じ7ふん
③2じ31ぷん ④12じ
⑤8じ28ふん ⑥5じ40ぷん
⑦3じ30ぷん(3じはん)
⑧6じ59ふん

2

3

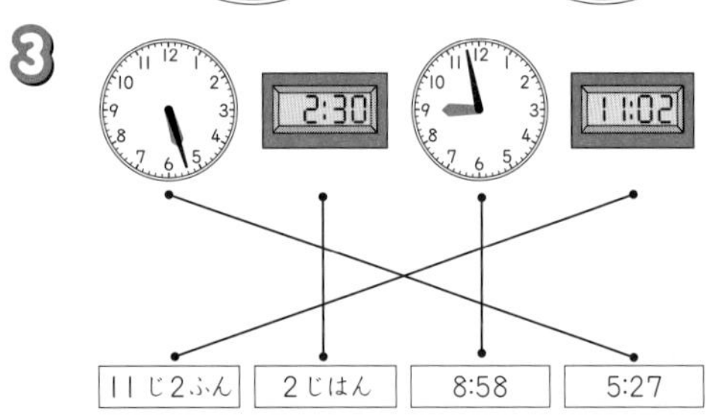

おうちの方へ 「しあげのテスト1」と同じ種類の問題で構成しています。「しあげのテスト1」でまちがえた問題があったときは、今回の問題では確実に解けるようにしておきたいものです。

30 2年生の とけい

★ 7
10
10

★**1** ①9じ
②15ふん

★**2** ①5ふん
②8ふん
③12ふん

おうちの方へ ここでは、2年生で習う時計に関する学習のうち、はじめの部分にあたる「時刻」と「時間」のちがいと、「1分」という時間を紹介しています。問題にも挑戦してみましょう。